One Pot Recipes

愉快料理
一鍋煮
韓風加強版

研出版

序

由一位喜歡在網上分享食譜的 Blogger，搖身一變成為一位食譜書作者，實在意想不到，慶幸得到編輯的賞識，讓我由一位平凡的母親、一位普通的妻子，成為食譜作者。

多年來，為家人烹調健康晚餐，已成為我生活的重要環節，為朋友烹調甜品美點，更是我的原動力。這些年來，努力鑽研中西食譜，希望製作更多美味的食物，將經驗所得，透過網絡和大家分享。要做出好的料理，是沒有捷徑的，要多煮、多嘗試、多了解食材，才能邁向成功之門。

本書包括 40 多個家常食譜，為上班一族量身打造，針對二至四人小家庭，教你如何運用不同尺寸、不同種類的鑄鐵鍋烹煮湯水、小菜、粉麵飯、甜品等各式料理。由烹煮至上餐桌，只需一個鑄鐵鍋，就能煮出美味又健康的料理，下班後也能輕鬆自在快速上菜。

希望您們也能為家人準備豐盛一餐吧！

Sandy Mama

Contents

韓式食材介紹

在香港要購買韓國食材調味料不太困難，在一般超市也有少量選擇，尖沙咀更有韓國超市，有齊各式各樣的韓國食材及調味料。

1 韓國煎餅粉

成份有麵粉及發粉，配合蔬菜或海鮮，製成煎餅。

2 韓國蟹柳

同香港蟹柳相似，長度比較長，以配合製作飯卷之用。

3 韓國年糕

同樣以大米製成，形狀成長條形，韓國人喜歡以辣炒方式作年糕料理。

4 韓國粉絲

由番薯(地瓜)製成的，口感煙靭，健康又飽肚。

5 韓國辣椒醬

是韓國必備的調味料之一，幾乎每樣料理都加入辣椒醬。

6 韓國魚糕

韓國人愛將魚肉打成魚糕，一片片的魚糕，可放湯或作其他料理的材料之一。

7 韓國紫菜

大塊紫菜用來做紫菜飯卷。

8 韓國昆布魚乾湯包

一包裏有齊昆布、魚乾、蝦乾等材料，可烹煮成高湯。

9 韓國黃瓜

一種韓國常見的瓜類。

10 韓國泡菜

用大白菜加入古方製成的醃菜，在韓國十分普遍。

11 韓國醃蘿蔔及醋醬牛蒡

是韓國飯卷的主要材料之一，也可單獨作涼拌菜食用。

12 韓國大醬（豆醬）

可做大醬湯或其他韓國料理的調味料。

13 韓國辣椒粉

由辣椒乾打碎而成，韓國食物常用的調味料，也是製作泡菜的必需品。

14 韓國白芝麻

很多韓國料理常用的材料之一。

15 韓國蘋果醋

一種帶有果香的醋，作調味之用。

16 韓國糖漿

一瓶瓶的糖漿，在韓國十分普遍，用作調味之用。

17 韓國麻油

味道香濃，烹煮韓式料理必備品。

18 韓國醬油

同中國醬油相似，也是以豆發酵而成的。

一鍋煮懶人烹調法

香港人生活節奏繁忙，工作時間長，放工後沒太多時間準備晚餐，很多時會選擇外出用膳，但街外食物偏向多油、多鹽、多糖、高脂及低纖維，營養欠均衡，長期在街外用膳，對健康沒有太多益處，倒不如在家親自下廚？

簡單吃！方便收！快速洗！

其實在家烹調也不一定需要太多時間，「一鍋煮」的懶人概念，讓下廚變得輕鬆、沒有時間壓力，又可以一次吃到多種食材，最適合倆口子家庭。「一鍋煮」顧名思義是用一個鍋烹調食材，這種做方節省時間，也很方便，用鑄鐵鍋製作一鍋料理最理想，因鑄鐵鍋傳熱均勻，煮食快捷，適合炆、蒸、焗、烤、炒，加上外型美觀，顏色選擇多，適合烹煮後直接上餐桌，既實用又有體面，又能減省清潔功夫，令烹飪變成一種樂趣。

使用鑄鐵鍋廚具好處

鑄鐵鍋的原材料包括生鐵、再生鐵和鋼，而鍋內的琺瑯是一層塗於鐵上的玻璃質物料。鑄鐵鍋內鍋可分為淺色或黑色。淺色琺瑯表面較平滑，適合烹煮有水分或油分的餸菜，如蒸、炆、燉等。黑色琺瑯表面比較粗糙，可承受較高的溫度，煮食時熱力十足，如煎炒和燒烤食物。

鑄鐵廚具傳熱快，可縮短烹調時間，鎖水功能好，重身的鍋蓋能有助防止蒸氣溜走，能保持食物的原汁原味，可縮短烹調時間，也能節省能源。

加入食物理想次序

進行「一鍋煮」時，要因應不同食物的烹調時間，安排放入食物的先後次序，以小火慢慢烹調，達至一鍋料理的效果。鑄鐵鍋可作無水烹調，先放入水份較高的食材，再放入其他食材，以食物的水份，來烹調其他食材，以達到無水煮食的效果。但並不是所有食材也可進行無水煮食，無水煮食多以蔬菜放在底。

「一鍋煮」以最簡單的步驟，把食物烹調好，不論小菜或飯麵，既縮短烹煮時間，又能減省清潔功夫，一鍋到底就是這麼簡單！

Chapter One

韓流風味

韓流只是一種風潮？

絕對不是，

韓國文化源遠流傳，

單是泡菜就已是博大精深。

想在家煮出韓式美味？

就來跟著本章動手弄吧！

韓式海鮮煎餅

熱辣辣的煎餅，是韓國街頭小食之一。
韓國人很喜歡用蔥或韭菜做煎餅材料，加入少許海鮮，便成美味的煎餅。

材料

蝦仁．．．．．．．．．．8 隻

魷魚．．．．．．．．．．半隻

泡菜．．．．．．．．．．50 克

韭菜．．．．．．．．．．50 克

白芝麻．．．．．．．．適量

雞蛋．．．．．．．．．．1 隻

調味料

煎餅粉．．．．．．．．80 克

韓式辣醬．．．．．．．1 茶匙

泡菜汁．．．．．．．．1 茶匙

菜油．．．．．．．．．．1 茶匙

鹽．．．．．．．．．．．半茶匙

水．．．．．．．．．．．130 克

胡椒粉．．．．．．．．少許

做法

1. 將蝦仁、魷魚洗淨，切粒，用滾水汆水後撈起，瀝乾水份。

2. 韭菜洗淨切段，泡菜略切。

3. 煎餅粉加入雞蛋及調味料拌勻成麵糊。

4. 加入韭菜、泡菜及海鮮材料。

5. 平底鑊燒熱，下油，把 1/3 材料加入，以小火煎至兩面金黃色即成。

Tips

- ☐ 先用乾煎餅粉把蔥拌一拌，煎的時候便不容易散。
- ☐ 不喜歡韭菜可以椰菜或蔥段代替。
- ☐ 可以麵粉 70 克加入粟粉 10 克代替煎餅粉。
- ☐ 韓國人吃煎餅及餃子，也喜歡蘸醋醬汁，韓國醋醬汁做法：白醋 2 湯匙，醬油 1 湯匙，韓國辣醬 1 茶匙，糖漿 2 茶匙，混合好便成。

4 人　　　20 分鐘　　　24cm TNS 單柄把手易潔平底炒鍋

韓國紫菜飯卷

韓國人好喜歡吃飯卷，韓國飯卷同日本壽司的太卷很相似，
但前者不會以魚生作餡料，會用醋拌飯，而是用鹽及麻油下飯調味。

材料

熱白飯 . . . . 2 碗

菠菜 . . . . 12 棵

雞蛋 . . . . 2 個

韓式火腿 . . . . 1 塊

醃黃蘿蔔 . . . . 3 條

醬油牛蒡 . . . . 3 條

蟹柳 . . . . 3 條

紫菜 . . . . 3 張

芝麻 . . . . 3 小匙

調味料

幼鹽 . . . . 少許

麻油 . . . . 2 小匙

芝麻 . . . . 適量

做法

1. 熱白飯趁熱加入調味料拌勻備用。

2. 菠菜切去根部，洗淨，用油鹽水燙熟，撈起搾乾水份。

3. 雞蛋拂好，用易潔鑊煎成蛋皮，切絲。

4. 醃黃蘿蔔切條；火腿煎熟，切條；蟹柳用熱水浸一浸，瀝水備用。

5. 紫菜鋪在竹卷上，把白飯鋪在紫菜上，保留約兩寸不沾米飯。

6. 每樣材料依序放上，從有飯的一方開始捲起，捲成紫菜飯卷。

7. 在表面掃上少許麻油，再灑上芝麻，切成厚件即成。

 Tips

☑ 每種材料必需裁成長度和紫菜相同。

☑ 材料可隨個人口味作出變化。

☑ 個人喜歡吃時蘸韓式飯醬吃，飯醬用韓國辣醬加入糖漿及少許醬油做成。

👤 4 人　　🕐 20 分鐘　　🍳 22cm 圓形鍋

韓國魚糕串湯

魚糕串可說是韓國街頭小吃中的最受歡迎之一，由其是在寒冷的冬天。
魚糕串湯底由蘿蔔、昆布熬煮，加入微辣的味道，在冬季吃下能暖身又飽肚。

材料

魚糕	2 塊
蘿蔔	1/4 個
脆肉瓜	半個

上湯料

鯷魚乾	6 條
昆布	2 小塊
蝦乾	6 隻
水	4 杯

調味料

韓國麵醬	1 湯匙
味醂	1 湯匙
鹽	半茶匙
砂糖	1 茶匙
泡菜汁	1 湯匙
辣椒粉	2 茶匙

做法

1. 鯷魚乾撕去頭部，昆布洗淨。
2. 蘿蔔去皮，切厚片再一開四件。
3. 脆肉瓜洗淨，切厚片再一開四件。
4. 用小鍋放入湯料，水滾後煮約 20 分鐘，撈起湯料棄掉。
5. 加入調味料試味。
6. 先放入蘿蔔，以小火烹煮 15 分鐘。
7. 魚糕切成三條，再用竹籤串起。
8. 把脆肉瓜及魚串，放入湯中煮約 10 分即可食用。

Tips

- ☑ 在韓國商店有包裝的湯包購買，每次用一包便可。
- ☑ 魚糕可在韓國商店購買。

2 人　15 分鐘　22cm 圓形鍋

韓式豆芽大醬湯

韓國大醬湯，是韓國家家戶戶都會煮的料理，因應地區或個人口味而有所變化；
看韓劇，一般人吃飯，一定有湯，一啖湯一啖飯，非常滋味。
韓國大醬湯，頗像日本的味增湯，也是以麵醬煮成。

材料

大豆芽	200 克
豆腐	一塊
蘿蔔	半個
脆肉瓜	半個
蒜茸	1 茶匙

調味料

韓國麵醬	2 湯匙
韓國辣椒粉	1 茶匙
上湯韓國辣椒醬	0.5 匙
上湯或掏米水	1000 毫升
鹽	半茶匙
砂糖	1 茶匙

做法

1. 蘿蔔去皮，切厚片後再切四份。
2. 脆肉瓜切厚片後再切四份。豆腐切塊。
3. 大豆芽洗淨，瀝乾水份。
4. 預備一大鍋，注入上湯或掏米水，煮滾。
5. 加入調味料及蒜茸，試味。
6. 先加入蘿蔔烹煮約 15 分鐘。
7. 再放入其餘材料烹煮 10 分鐘，試味即成。

Tips

☑ 韓國人煮大醬湯，多數以掏米水來煮，因
為掏過米的水，營養豐富，又有米香，沒
有也不用担心，可改用清水或上湯。

☑ 大醬味道各種牌子不同，可按個人喜好，
添加或減少。

☑ 上湯可用韓式湯包烹煮約 20 分鐘即可。

 2 人　　　🕐 30 分鐘　　　🍲 22cm 圓形鍋

韓式炸醬麵

韓式炸醬麵是韓國的一種中華料理，由春醬（一種咸黑豆醬），
加入豬肉粒及蔬菜烹煮而成，樣樣黑漆漆的淋在麵條上，
鹹香味濃，是一種頗受歡迎的平民美食。

材料

油麵	半斤
豬腩肉	半條
蘿蔔	1/4
薯仔	1 個
洋蔥	半個
蒜茸	2 茶匙
青瓜	半個

醃料

酒	1 茶匙
生抽	1 茶匙
油	1 茶匙
胡椒粉	少許

調味料

黑麵醬	2 湯匙
砂糖	1 湯匙
上湯	300 毫升

芡汁

粟粉	1 湯匙
水	200 毫升

做法

1. 豬腩肉去皮，切粒；青瓜洗淨刨絲。
2. 蘿蔔、洋蔥及薯仔去皮切粒。
3. 起鑊，下油燒熱，先爆香蒜茸，加入豬腩肉爆炒，至顏色轉白。
4. 加入其餘粒粒材料翻炒。
5. 再加入調味拌勻，炒至豬肉熟透
6. 埋芡煮即成炸醬料。
7. 預備大鍋水，水滾放入麵條，煮熟，瀝乾水份。
8. 把適量麵條放在麵碗中，淋上炸醬料，再放上青瓜絲即成。

Tips

- ☑ 炸醬麵的麵條，可選擇韓國商店購買的麵條，如不太方便，也可選擇普通市場可購買的油麵，或以韓國即食麵作麵條。
- ☑ 黑麵醬可在韓國商店購買，如沒有的話，可以老抽加韓國麵醬做成。

👥 2 人　　🕐 30 分鐘　　🍲 22cm 圓形鍋

韓國人參雞湯

人參雞湯是韓國傳統料理，韓國著名出產人參，
韓國人一年四季也喜歡以人參雞湯來補身，
以糯米釀入雞肚中，能補氣血，驅寒暖胃。
夏天流汗造成體力消耗，也可以熱治法的效果，
消除疲勞，預防疾病。

材料

雞	1 隻
人參	3 支
糯米	3 湯匙
紅棗	10 顆
栗子	8 顆
蒜頭	5 粒
薑片	6 片
牙籤	2 支
水	適量

調味料

調味料	份量
鹽	少許
米酒	3 湯匙

做法

1. 雞取出肚內之肺，清洗乾淨，斬去雞頭、雞尾及雞瓜，瀝乾水份。
2. 紅棗浸水至軟身，撕開取走核；栗子去殼。
3. 糯米浸水 2 小時，瀝乾水份；人參洗淨。
4. 把一半紅棗、一半栗子、蒜頭、薑片及全部糯米放入雞肚內，最後放入一支人參，再用竹籤把雞尾封口。
5. 預備一鑄鐵鍋，放入雞隻，把其餘材料放在旁邊，注入清水至剛蓋過雞。
6. 以中火煮滾，改以小火慢煮約兩小時，下調味再煮滾即可。

Tips

- ☐ 韓國人參可在韓國食材店購買。
- ☐ 紅棗去了核，會溫和些。
- ☐ 雞應選擇細小的便可以了。
- ☐ 怕油的可去皮燉焗。

👤 4 人　　🕐 120 分鐘　　🍲 26cm 圓形鍋

韓式牛肉炒粉絲

炒粉絲也是常見的傳統韓國料理，韓國粉絲由番薯製作而成，
口感比較煙靭，好吃又有益。

材料

韓國粉絲	半包
肥牛肉	半磅
洋蔥	半個
紅蘿蔔	1/4 個
蔥	3 棵
蒜茸	2 茶匙
芝麻	適量

醃料

糖	半茶匙
醬油	1 茶匙
黑椒	少許

調味料

醬油	2 湯匙
糖	2 茶匙
鹽	半茶匙
蠔油	1 湯匙
水	半杯
麻油	1 茶匙

做法

1. 紅蘿蔔去皮切絲；洋蔥去衣切絲；蔥洗淨切段。
2. 牛肉切絲加入醃料略醃。
3. 韓國粉絲放入滾水中灼 10 分鐘，至軟身撈起，用水沖洗冷卻，瀝乾水份。
4. 雞蛋拂好，煎成蛋皮，切絲。
5. 起鑊，下油先爆香蒜茸，加入粉絲及調味料，用小火把粉絲炒至半熟。
6. 把粉絲推向旁邊，加入洋蔥絲、紅蘿蔔絲及牛肉爆炒。
7. 最後將全部材料炒熟。
8. 熄火，灑上芝麻即成。

Tips

☑ 配料上沒限制，素食者可以全蔬菜代替。

☑ 汁料可按個人喜好，加辣味或加咸味。

🧍 2 人　　🕐 15 分鐘　　🍳 24cm TNS 單柄把手易潔平底炒鍋

魷魚辣炒年糕

辣炒年糕是韓國人常吃的小食,味道辣中帶甜。街邊常有炒年糕小攤檔。
韓國的年糕不用油炒,多用水煮的方法去處理年糕,
加入魚糕、海鮮、洋蔥、白菜、紅蘿蔔等等材料,混合炒熟。

材料

韓國年糕	條半磅
鮮魷	1 隻
洋蔥	半個
蔥	3 棵
紅蘿蔔	1/4 個
芝麻	1 湯匙

年糕醬料

韓式辣椒醬	2 湯匙
糖漿	1 湯匙
醬油	1 茶匙

做法

1. 魷魚去衣,切圈,用 1 茶匙生粉略醃,10 分鐘後沖水,瀝乾水份。
2. 洋蔥去衣切絲;紅蘿蔔去皮刨絲;蔥洗淨切段。
3. 易潔鑊下油,先爆香魷魚,加入洋蔥炒香,先盛起。再起鑊,注入清水一杯,水滾放入年糕及醬料拌勻,煮約三分鐘。
4. 跟著放入其餘材料,兜炒至汁收濃稠。
5. 上碟後灑上白芝麻。

Tips

☑ 如果覺得太辣可以多加一點糖。

☑ 如果想吃辣一點,可再加入辣椒粉至喜歡程度。

ⓧ 2 人 🕐 20 分鐘 🍳 24cm TNS 單柄把手易潔平底炒鍋

泡菜牛肉炒飯

泡菜是韓國料理每餐必備的小食，用來炒飯，辣辣的，風味一流。

材料

白飯 . . . . 1 碗

肥牛肉 . . . . 100 克

泡菜 . . . . 50 克

脆肉瓜 . . . . 半個

蔥花 . . . . 適量

醃料

油 . . . . 1 茶匙

糖 . . . . 半茶匙

醬油 . . . . 1 茶匙

胡椒粉 . . . . 適量

調味料

韓式辣椒醬 . . . . . . 1 茶匙

醬油 . . . . 1 茶匙

糖 . . . . 半茶匙

做法

1. 肥牛略切，加入醃料拌勻。
2. 泡菜剪碎，脆肉洗淨切粒。
3. 起鑊，下油，加入米飯及調味料，炒至均勻。
4. 下牛肉及脆肉瓜爆炒，至牛肉熟。
5. 最後加入泡菜兜勻即可。

Tips

- ☑ 可用豚肉代替肥牛，或以海鮮代替也可。
- ☑ 白飯不一定用隔夜飯，可用新鮮飯作炒飯，祇要煲飯水比平日少落 10%，煮好放涼便可作炒飯之用。

 2 人 　　 15 分鐘 　　 28cm Marmite 媽咪鍋

Chapter Two

經典滋味

只需一個鑄鐵鍋，
把材料放進鍋中，
一鍋就能煮出美味又健康的料理，
下班後也能輕鬆自在快速上菜，
既縮短烹煮時間，
又能減省清潔功夫！

清湯蘿蔔炆牛腩

平日放工後很怕炆牛腩，怕難以將牛腩炆至腍軟，
若用鑄鐵鍋就不怕了，因鑄鐵鍋傳熱均勻，耐熱又鎖水，
一個多小時便能炆出美味的牛腩。

材料

牛坑腩 · · · · · · ·	1.5 斤
蘿蔔 · · · · · · ·	1 條
香芹 · · · · · · ·	3 棵
薑片 · · · · · · ·	4 片

香料

鹽 · · · · · · ·	1 茶匙
胡椒 · · · · · · ·	1 茶匙
冰糖 · · · · · · ·	1 粒
八角 · · · · · · ·	3 粒
香葉 · · · · · · ·	2 塊

做法

1. 牛坑腩切件，於鑄鐵鍋內注入清水，凍水下牛腩，煮至水滾後，將浮面污物去掉，用清水沖洗乾淨。

2. 蘿蔔去皮，切件；香芹去根部，切段，葉部份不要。

3. 預備鑄鐵鍋，下 1 湯匙油，加入薑片爆香。

4. 加入牛坑腩炒至轉色，灑酒。

5. 放入香料及清水至剛蓋過牛腩即可。

6. 蓋上蓋轉小火，炆煮 1 小時。

7. 加入蘿蔔兜勻，再蓋上蓋繼續煮至材料腍軟，下香芹拌勻，再煮至滾起即成。

Tips

☐ 牛坑腩適合作炆煮菜式，肉味濃而腍軟。

☐ 由於 Le Creuset 鑄鐵鍋有效儲存熱力，非常保溫，而且鍋底及鍋側熱力均勻，以細火炆煮肉類，仍可保持穩定的低溫煮食，慳爐火之餘，肉質特別嫩滑。最後熄火用餘溫焗，不但減少開火時間，食物更入味。

👥 4 人　　🕐 90 分鐘　　🍲 26cm 深底鍋

南瓜炆排骨

南瓜是四季家常蔬菜之一，
含有豐富澱粉質、胡蘿蔔素等等，營養豐富；
南瓜有很高的食療作用，現代人常以此入餚作保健。

材料

南瓜（綠色瓜皮）	1 個
豆豉	1 湯匙
排骨	1 磅
薑	3 片
蒜頭	2 粒

醃料

酒	1 茶匙
生抽	1 茶匙
胡椒粉	適量

調味料

糖	1 茶匙
鹽	1 茶匙
老抽	1 茶匙
生抽	2 茶匙
水	1.5 杯

做法

1. 南瓜去皮，去籽，切件；豆豉略洗。

2. 排骨洗淨，瀝乾水份，加入醃料醃半小時。

3. 預備鑄鐵鍋，下油爆香薑片、蒜頭、豆豉，加入排骨爆炒至金黃色。

4. 倒入調味料拌勻，蓋上蓋以小火炆煮至排骨腍軟。

5. 最後加入南瓜拌勻，繼續炆煮至南瓜腍軟即可。

Tips

☐ 南瓜易煮至腍軟，不宜過早放入鍋內炆煮。

☐ 南瓜有不同種類，有橙色瓜皮、綠色瓜皮圓形，也有橙色瓜皮長形，煮法一樣。

2 人　　　30 分鐘　　　20cm 圓形鍋

無水梅菜蝦乾蒸菜心

無水煮食是指烹調時只靠食材的天然水份，將其他材料煮熟，
鑄鐵鍋本身有良好的導熱能力及鎖水功能，
重身鍋蓋，鎖水功能良好，
而鍋身以鑄鐵造，傳熱、保溫功能也好。

材料

甜梅菜 ・・・・・・・	1 棵
蝦乾 ・・・・・・・	10 隻
菜心 ・・・・・・・	1 斤

調味料

甜豉油 ・・・・・	1 茶匙

做法

1 甜梅菜浸水半小時，洗淨，切粒，擠乾水份。

2 蝦乾略浸。

3 菜心原條洗淨，瀝水，備用。

4 預備鑄鐵鍋，放入 1 茶匙油，放上菜心。

5 平均放上甜梅菜、蝦乾。

6 開爐，用中火煮 2 分鐘，再用小火多煮 5 分鐘
即可。

7 上桌前可淋上甜豉油即可。

Tips

☑ 油菜豉油比較淡口，適合菜類使用，一般超市有售。

☑ 煮無水菜式切記不要開大火，要用中小火迫出食材水份，可保留食材的
原汁原味。

☑ 使用傳統隔水蒸的方法，會產生倒汗水，沖淡食物的味道，但 Le
Creuset 重身的鍋蓋能使蒸氣鎖住，迫出食材本身的水份作蒸煮，因此
味道不會被倒汗水沖淡，保持食物的原汁原味。以細火低溫烹調使食材
不會過熟變韌，保持嫩滑。

🧑 2 人　　🕐 10 分鐘　　🍲 22cm 圓形淺底鍋

韓式豬軟骨

豬軟骨可在凍肉店買得到，
用不同醬料炆煮豬軟骨，腍軟又惹味，
用鑄鐵鍋烹煮，不用太多水，已烹調出入味豬軟骨。

材料

豬軟骨	半磅
蒜頭	6 粒
紅蘿蔔	1 條
洋蔥	1 個
蔥段	2 棵

醃料

老抽	1 茶匙
玫瑰露酒	1 茶匙
生抽	2 茶匙
酒	1 湯匙
胡椒粉	適量

調味料

韓式辣醬	2 湯匙
韓式麵豉	2 湯匙
冰糖	50 克
上湯	500 毫升

做法

1. 豬軟骨洗淨，瀝乾水份，加入醃料略醃。

2. 蒜頭拍扁；紅蘿蔔去皮，切大件；洋蔥去衣，切件，備用。

3. 預備鑄鐵鍋，下油爆香蒜頭，加入洋蔥爆炒。

4. 再加入豬軟骨，炒至變色。

5. 加入紅蘿蔔、蔥段及調味料，蓋上蓋，轉小火炆煮 30 分鐘即成。

Tips

- ☑ 韓式豬軟骨十分惹味，餸汁非常適合下飯。
- ☑ 豬軟骨可早一天醃，會更入味。

👤 2 人　　🕐 45 分鐘　　🍲 24cm 圓形鍋

蔬菜醉雞卷

醉雞吃得多，花一點心思，
小小功夫，做蔬菜醉雞卷，賣相更吸引！

材料

急凍雞扒	1 塊
紅蘿蔔	半個
西芹	2 條
蔥	2 棵
綿繩	1 條
紹興酒	200 毫升
雞湯	200 毫升
花鵰酒	20 毫升
八角	2 粒
杞子	1 湯匙
薑	5 片

醃料

鹽	2 茶匙
生抽	2 茶匙
五香粉	少許
胡椒粉	少許

做法

1. 雞扒解凍，洗淨，去掉多餘的肥膏，加入醃料醃半小時。

2. 紅蘿蔔去皮，切長條；西芹切長條；蔥切段，長度如雞扒長度便可。

3. 將紅蘿蔔、西芹放在雞扒上，將雞扒捲起，用綿繩將雞扒卷捆紮定型。

4. 把紹興酒及雞湯及其餘材料放入鍋中，煮滾後以小火放入雞卷煮約 8 分鐘。

5. 熄火，不要開蓋，焗 20 分鐘。

6. 預備一盆凍開水，加入冰塊，把煮好的雞卷放入凍開水內浸泡。

7. 拿起雞卷，用廚紙吸去多餘水份，切成塊上碟即可。

Tips

- ☑ 可削去少許雞扒厚肉的部份，放回肉少的地方，讓雞扒厚度比較平均。
- ☑ 雞卷中放上蔬菜，吃上來比較清爽。

🧍 2 人   🕐 30 分鐘   🍲 22cm 圓形鍋

南乳炆豬手

豬手含有豐富的膠原蛋白質，多吃豬手有助增加皮膚彈性。
豬手有滋潤養血，強肝腎，用豬手作薑醋豬手適合產後婦女補身。

材料

豬手 · · · · · · · ·	1 隻
南乳 · · · · · · · ·	2 磚
蒜蓉 · · · · · · · ·	1 茶匙
乾蔥蓉 · · · · · · ·	1 茶匙
大粒花生 · · · · · ·	半磅
薑 · · · · · · · · ·	3 片
八角 · · · · · · · ·	3 粒
香葉 · · · · · · · ·	3 片

調味料

白酒 · · · · · · · ·	2 湯匙
冰糖 · · · · · · · ·	50 克
蠔油 · · · · · · · ·	1 湯匙
柱侯醬 · · · · · · ·	1 湯匙
麻油 · · · · · · · ·	少許

做法

1. 預備一個煲，注入清水，凍水加入豬手，煮至水滾，去掉水面污物，盛起豬手以清水洗淨備用。

2. 南乳加入少許水開勻，備用。

3. 預備鑄鐵鍋，下油燒熱，先爆香蒜蓉、乾蔥蓉。

4. 加入南乳醬爆香，再放入豬手兜勻。

5. 濺白酒，加水至剛蓋過豬手，加入其餘材料及調味料，轉小火蓋上蓋炆煮約 1 小時，熄火焗半小時即可。

Tips

- ☑ 黑色琺瑯的鑄鐵鍋，適合烹煮一些比較高溫的菜式，如煎炒、燒烤等食物。
- ☑ 一般豬肉檔購買豬手時，可請檔主幫忙燒掉豬毛及斬件。

👤 4 人　　🕐 90 分鐘　　🍲 26cm 深底鍋

豉汁蒸白鱔

豉汁配白鱔是最佳配搭，味道一流，如在街市魚檔見到已劏好的白鱔，不妨買少量回家，加點豆豉及蒜蓉蒸熟，下飯很不錯！

材料

白鱔	· · · · ·	1.5 斤
豆豉	· · · · ·	2 湯匙
蒜蓉	· · · · ·	2 茶匙
辣椒仔	· · · · ·	2 隻
大白菜	· · · · ·	2 棵
薑米	· · · · ·	2 茶匙
蔥花	· · · · ·	適量

調味料

鹽	· · · · ·	1 茶匙
砂糖	· · · · ·	1 茶匙
胡椒粉	· · · · ·	少許

做法

1 白鱔先用粗鹽擦勻外皮，再用清水洗淨，瀝乾水份。

2 豆豉用水略為清洗，搗爛，加入蒜蓉拌勻。

3 辣椒仔切碎。

4 預備鑄鐵鍋，先放上將大白菜、白鱔排放在碟上，放上蒜蓉、豆豉及調味料，略為拌勻。

5 再鋪上薑米、辣椒碎，以中火蒸 10 分鐘。

6 最後灑上蔥花及淋上滾油、蒸魚豉油即成。

 Tips

☑ 蒸煮時間視乎白鱔的厚薄，約 8 分鐘至 10 分鐘左右。

Ⓡ 4 人　　🕐 15 分鐘　　🍲 26cm 淺底鍋

大蝦粉絲煲

鑄鐵鍋顏色美麗，也有不同款式，最適合烹調後，直接上枱，省卻很多功夫同時既保溫又美觀。

材料

大蝦	6 隻
紹菜	半棵
粉絲	1 扎
蒜蓉	1 茶匙
上湯	250 毫升
芫荽	少許

調味料

蠔油	1 湯匙
酒	1 茶匙
胡椒粉	少許

做法

1. 大蝦洗淨，去頭部尖刺、蝦鬚、蝦腸備用。

2. 紹菜洗淨，切大件；粉絲用清水浸泡至軟身，瀝水備用。

3. 預備鑄鐵鍋，下油先爆香蒜蓉，加入大蝦爆炒，潷酒，再加入紹菜、粉絲、上湯，蓋上蓋，以小火炆煮 5 分鐘。

4. 開蓋放入調味料，續煮多 5 分鐘。

5. 最後加上芫荽即可。

Tips

- □ 粉絲是容易吸水的食材，所以上湯比例比較多。
- □ 烹調期間可將材料翻動一次，以免黏底。

4 人　　　15 分鐘　　　20cm 圓形鍋

大蜆蒸水蛋

平平無奇的蒸水蛋加入大蜆出奇地配合，鮮甜的大蜆配以滑滑的水蛋，很下飯！

材料

大蜆 · · · · · · · 10 隻
雞蛋 · · · · · · · 4 隻
清雞湯 · · · · 500 毫升

做法

1 大蜆洗淨，用水灼至剛開口，瀝水備用。

2 雞蛋拂勻，加入清雞湯拌勻備用。

3 預備大碟，注入蛋液。

4 小心地把大蜆放入蛋液中，蓋上另一隻碟或包上錫紙。

5 用中小火蒸 12 分鐘，關火後焗 10 分鐘。

 Tips

☐ 蒸水蛋切記勿大火，容易將水蛋蒸得過火。
☐ 蒸水蛋時，以一根木筷子隔開鑊和蓋，以減低鑊中的溫度。
☐ 要蒸出滑嫩的水蛋，可加上錫紙或碟，蓋著水蛋來蒸，可避免水蒸氣落到水蛋上。

👤 2 人　　🕐 20 分鐘　　🍲 20cm 花形盤

雜菇豆腐蔬菜鍋

素菜也可以非常豐富，街市的菜檔，有不同種類的菇類可供選購，可做出豐富
又美味的素菜鍋。

材料

大白菜	· · · · · · ·	半斤
軟豆腐	· · · · · · ·	1 盒
金菇	· · · · · · ·	1 包
草菇	· · · · · · ·	10 粒
雞脾菇	· · · · · · ·	1 隻

調味料

鹽	· · · · · · ·	半茶匙
蠔油	· · · · · · ·	1 湯匙
清雞湯	· · · ·	500 毫升

做法

1. 大白菜洗淨，切半。

2. 軟豆腐切塊；金菇去底部約 1 寸，洗淨。

3. 草菇切半，汆水；雞脾菇洗淨，切片。

4. 預備鑄鐵鍋，將材料排放好，最後放上豆腐。

5. 將所有調味料材料拌勻，加入鍋中，蓋上蓋以
   大火煮滾後，轉小火煮 10 分鐘即可。

Tips
 菇類可按個人喜好選擇。
☑ 蠔油可選購素蠔油，於素食店
   有售。

👥 2 人　　🕐 15 分鐘　　🍲 18cm 心形鍋

紅酒燴牛尾

利用鑄鐵鍋存熱鎖水功能，將牛尾加入紅酒，燉煮至腍軟，可減低烹調時水份流走，保留牛尾原汁原味！

材料

牛尾	1 磅
紅蘿蔔	1 個
洋蔥	1 顆
番茄	2 個
牛油	30 克
麵粉	2 湯匙
牛肉湯	500 毫升
紅酒	200 毫升
西芹	1/4 棵
月桂葉	2 片
八角	3 粒

調味料

鹽	1/4 茶匙
黑椒粉	適量

做法

1. 預備一鑄鐵鍋，注入清水，凍水放入牛尾，水滾後把浮面污物去掉，取出牛尾用清水洗淨。

2. 紅蘿蔔去皮，切大件；洋蔥去衣，切大件；番茄去皮，切件。

3. 預備鑄鐵鍋，下牛油燒溶，加入洋蔥、紅蘿蔔及番茄炒至熟軟身。

4. 加入麵粉推勻至沒粉粒。

5. 放入入牛尾及牛肉湯、紅酒及其他材料，以中大火煮滾後，轉小火加蓋煮 1 小時。

6. 試味後，按需要加入調味料即可。

Tips

☑ 如想清淡一些，可用清湯代替牛肉湯。

👥 4 人　　🕐 1 小時　　🍲 22cm 深底鍋

泰式紅咖喱海鮮

泰菜中，有各式各樣的咖喱醬，大致可分為紅咖喱、黃咖喱及青咖喱，分別在於辣度及調味上有所分別。

材料

大蝦	· · · · · · ·	6 隻
鮮魷	· · · · · · ·	1 隻
香茅	· · · · · · ·	1 枝
草菇	· · · · · · ·	10 粒
蒜頭	· · · · · · ·	3 粒
清水	· · · · · · ·	200 毫升
檸檬葉	· · · · · · ·	2 片
南薑	· · · · · · ·	5 片
紅咖醬	· · · · · · ·	1 包

做法

1 大蝦洗淨，去頭部尖刺、蝦鬚、蝦腸備用。

2 鮮魷洗淨，去衣、去軟骨，切件剞花。

3 香茅拍扁，斜切成厚片；草菇切半，汆水。

4 預備鑄鐵鍋，下油燒熱，爆香蒜頭、香茅。

5 加入大蝦、鮮魷爆炒。

6 注入清水及其餘材料，蓋上蓋以小火煮約 5 分鐘。

7 加入草菇煮至再滾起後，續煮 2 分鐘即成。

Tips

☑ 各式各樣的咖喱醬於泰國小店有售。

☑ 應試味後，才加入適當份量的調味料。

👥 2 人　　🕐 15 分鐘　　🍲 22 cm 深底鍋

蠔油煎釀豆腐

嫩滑的豆腐釀上蝦膠，配以蠔油作汁醬，非常惹味。以淺色琺瑯的鑄鐵鍋，
烹煮煎釀豆腐最為合適，烹調後更可直接上餐桌。

材料

硬豆腐	·····	2 磚
鮮冬菇	·····	2 隻
蔥段	·····	2 棵
生粉	·····	2 湯匙
蝦膠	·····	500 克

芡汁

雞湯	·····	半杯
生粉	·····	1 茶匙
黃糖	·····	2 茶匙
蠔油	·····	2 湯匙

做法

1. 硬豆腐用廚紙吸去多餘水份，切厚片。

2. 鮮冬菇洗淨，去蒂，切片；蔥洗淨，切段。

3. 用小刀刮去豆腐中間部分，撲上少許生粉，釀入適量蝦膠。

4. 燒熱鍋，下 2 湯匙油，輕輕放入豆腐。

5. 以小火小心地將豆腐四邊煎至熟透變金黃色。

6. 最後把芡汁材料拌匀，加入鮮冬菇及蔥段，淋在豆腐上，煮至再滾起即成。

Tips

☑ 豆腐宜選購硬豆腐作煎炸，不會容易爛。

👤 2 人   🕐 20 分鐘   🍲 22cm 淺底鍋

粟米豆腐肉碎紹菜卷

紹菜菜身比較寬闊，很適合做蔬菜卷，包起上來也特別容易。

材料

紹菜葉	‧‧‧‧‧	5 塊
豬絞肉	‧‧‧‧‧	100 克
布包豆腐	‧‧‧‧	1 磚
粟米粒	‧‧‧‧‧	3 湯匙

調味料

鹽	‧‧‧‧‧‧	半茶匙
生粉	‧‧‧‧‧	1 茶匙
蠔油	‧‧‧‧‧	2 茶匙
胡椒粉	‧‧‧‧‧‧	少許

做法

1 紹菜洗淨，用小刀削去中間厚身部份。

2 用熱水將紹菜灼至軟身，盛起瀝乾水份。

3 豬絞肉加入調味料拌勻。

4 再加入豆腐及粟米粒拌勻成餡料。

5 把紹菜平放在枱上，放上適量餡料。

6 將紹菜捲起，排在碟中。

7 放入鍋中，用小火蒸 10 分鐘即成。

Tips

☐ 紹菜必需削去中間莖部比較厚的部份，才能輕易捲起。

☐ 餡料可隨個人喜好更改，主要選擇比較容易熟的材料便可。

👥 2 人　　🕐 30 分鐘　　🍳 22cm 淺底鍋

韓式豆腐泡菜鍋

濃郁的泡菜加上嫩滑的豆腐，喜歡吃甚麼食材就放甚麼食材，酸酸辣辣，十分開胃！

材料

黑蒟蒻	1 包
軟豆腐	1 盒
金菇	1 包
粟米仔	10 條
白菜仔	6 棵
椰菜	1/4 個
泡菜	150 克
鮮冬菇	6 隻
蔥段	適量

調味料

韓式麵醬	1 湯匙
韓式辣醬	2 湯匙
上湯	500 毫升

做法

1️⃣ 黑蒟蒻、軟豆腐切件。

2️⃣ 金菇切去底部約一寸，洗淨備用。

3️⃣ 粟米仔、白菜及椰菜洗淨，椰菜切大件。

4️⃣ 預備鑄鐵鍋，下調味料煮滾，將所有材料排放在鍋內。

5️⃣ 蓋上蓋以小火煮 10 分鐘即成。

Tips

☑ 蔬菜的配搭可隨個人喜好更改。
☑ 韓式辣醬於各大超市有售。
☑ 用鑄鐵鍋烹調後，可直接上枱，方便又美觀。由於存熱能力好，再次放食物於火鍋中不會
☑ 大大降低溫度，火鍋很快便會再次滾起。

👥 2 人　　🕐 15 分鐘　　🍳 26cm 淺底鍋

無水蒸龍躉

用鑄鐵鍋蒸魚，不用加水，單靠食材的水份來蒸煮，也能保持魚的原汁原味。

材料

龍躉	· · · · · · · · ·	1 斤
娃娃菜	· · · · · · · · ·	2 棵
薑	· · · · · · · · ·	5 片
蔥段	· · · · · · · · ·	2 棵

調味料

鹽	· · · · · · · · ·	1/4 茶匙
油	· · · · · · · · ·	2 茶匙
酒	· · · · · · · · ·	少許

做法

1 龍躉洗淨，斬件，用廚紙吸乾水份。

2 娃娃菜洗淨，撕成一片一片，排放在鑄鐵鍋中。

3 放上薑片，龍躉加入調味料拌勻，排放在娃娃菜上。

4 以中小火煮滾後，轉小火煮 8 分鐘即成。

5 最後灑上蔥段即可。

☑ 在街市魚檔，有一份份已斬件的龍躉售賣，可選購合適自己的份量。

☑ 可放入蒜片增加香味。

☑ 撒上胡椒粉可去腥味。

☑ 使用傳統隔水蒸的方法，會產生倒汗水，沖淡食物的味道，但 Le Creuset 重身的鍋蓋能鎖住蒸氣，迫出食材本身的水份作蒸煮，因此味道不會被倒汗水沖淡，保持食物的原汁原味。以細火低溫烹調使食材不會過熟變韌，保持嫩滑。

4 人　　　10 分鐘　　　20cm 橢圓形淺底鍋

Chapter Three

粉麵料理

鑄鐵鍋可放上明火或電磁爐烹調，

再放入焗爐烤焗，

中途不用轉器皿，

非常方便！

而且鑄鐵鍋外型吸引，

直接上餐桌，

是味覺與視覺的一大享受。

忌廉吞拿魚焗長通粉

長通粉內藏滿滿的白汁，
每一口都能吃到香濃的醬汁和吞拿魚，
作為一頓豐盛滋味的晚餐也不錯！

材料

長通粉	150 克
洋蔥	半個
三色椒	各 1/4 個
鹽水吞拿魚	1 罐
忌廉湯	半罐
凍開水	100 毫升
芝士碎	100 克

做法

1. 燒一鍋水，水滾後放入長通粉，煮 10 分鐘，熄火焗 10 分鐘，盛起瀝乾水份，備用。

2. 洋蔥、三色椒切粒備用。

3. 鹽水吞拿魚瀝乾水份備用。

4. 忌廉湯用凍開水開勻。

5. 預備鑄鐵鍋，下油燒熱鍋，將洋蔥粒爆香，再加入三色椒兜勻，放入長通粉、吞拿魚拌勻。

6. 最後加入忌廉湯，拌勻。

7. 放入焗爐，以 200℃ 焗 20 分鐘，取出灑上芝士碎，再放入焗爐，以 250℃ 焗 5 分鐘，即成。

Tips

- 芝士碎於超市有售，可選購混合芝士碎。
- Le Creuset 鑄鐵鍋可先放上明火或電磁爐烹調，然後直接加入焗爐，中途不用轉換器皿，非常方便。而且外型吸引，可直接上桌，既實用又有體面。

 2 人　　 30 分鐘　　26cm 心形鍋

香煎鴨胸番茄羅勒意粉

意粉事先需要煮至 8 成熟或全熟，視乎菜式需要。
如配搭其他食材再煮，意粉不能煮至全熟。
如只需要將材料淋上意粉上或伴食，意粉便需煮至熟透。

材料

番茄	2 個
洋蔥	半個
蒜頭	2 瓣
羅勒	1 棵
急凍煙鴨胸	1 個
意大利粉	150 克
番茄	2 個

調味料

鹽	1 茶匙
黃糖	2 茶匙
芝士碎	20 克
辣椒粉	少許

做法

1 番茄、洋蔥、蒜頭去皮，切粒；羅勒採出葉子備用。

2 煙鴨胸解凍，用廚紙吸乾水份。

3 意大利粉放入滾水中，煮至 8 成熟，盛起，留下 1 碗意粉水備用。

4 預備鑄鐵鍋，下油燒熱，以小火慢慢煎香鴨胸，切片備用。

5 再下油，爆香蒜蓉、洋蔥粒，加入番茄粒、意粉水煮 10 分鐘，加入羅勒葉及其他調味料，煮至意粉熟透。

6 在碟中放上番茄汁料，再放上意粉，最後放上鴨胸即可。

Tips
- ☐ 無水煮食，主要利用食材本身所含的水份來烹調。
- ☐ 淺色的內鍋，適合烹煮有水份或油份的菜式，如蒸、炆、燉等等。

👤 2 人　　🕐 20 分鐘　　🍳 22cm 淺底鍋

冬菜蠔仔銀針粉

蠔仔又名蚵仔，説起蠔仔，大家會聯想起蠔餅，
有沒有想過用蠔仔來放湯、煮粉麵？湯頭鮮甜無比，非常可口。

材料

唐芹 · · · · · · ·	2 棵
草菇 · · · · · · ·	4 兩
冬菜 · · · · · · ·	1 湯匙
銀針粉 · · · · · ·	半斤
蠔仔 · · · · · · ·	400 克
薑片 · · · · · · ·	2 片
清水 · · · · · · ·	750 毫升
雞湯 · · · · · · ·	250 毫升
大地魚粉 · · · · ·	1 湯匙

調味料

鹽 · · · · · · ·	半茶匙
胡椒粉 · · · · · ·	適量

做法

1. 唐芹切粒；草菇切片，汆水；冬菜略浸，擠乾水份。

2. 銀針粉用熱水沖洗，去掉多餘油份。

3. 蠔仔用水沖洗乾淨，加入 2 茶匙生粉拌勻，15 分鐘後把蠔仔再沖洗一次，燒一鍋水，放入薑片，加入蠔仔汆水，備用。

4. 預備鑄鐵鍋，注入清水、雞湯，待水煮滾後，放入大地魚粉，煮至再滾起。

5. 加入銀針粉、蠔仔、草菇及冬菜，以小火煮約 5 分鐘。

6. 最後加入唐芹粒、調味料，熄火即成。

Tips

☐ 可加入少許肉碎增加風味。
☐ 唐芹可增加湯頭的香味，但不能過早放入，以免會唐芹太熟失去香味。

2 人　　　15 分鐘　　　18cm 圓形鍋

番茄雜菇千層麵

將千層麵疊起來烹調，
只需要在夾層中，放上不同餡料，
加上醬料，焗製而成，簡單又方便。

材料

番茄	4 個
洋蔥	半個
西芹	2 條
雞脾菇	1 隻
紅蘿蔔	半個
牛油	20 克
蒜蓉	1 茶匙
意大利千層麵	4 片
芝士碎	200 克
片裝芝士	2 片

調味料

紅酒	100 毫升
上湯	200 毫升
茄膏	2 湯匙
芝士粉	2 茶匙
雜香草	適量

做法

1. 番茄去皮，切粒；洋蔥去衣，切粒；西芹切粒。

2. 雞脾菇切絲；紅蘿蔔去皮，切絲。

3. 調味料拌勻，備用。

4. 預備鑄鐵鍋，下牛油煮溶，爆香蒜蓉，加入番茄粒、洋蔥粒及西芹爆炒，放入一半調味料煮 5 分鐘成番茄料，盛起。

5. 再起鍋，下油，加入雞脾菇絲及紅蘿蔔絲爆炒，加入餘下調味料煮 5 分鐘成雞脾菇料。

6. 預備鑄鐵鍋，掃上油，放入 2 湯匙番茄料，灑上芝士碎，放上意大利千層麵皮，再放上一層雞脾菇料，灑上芝士碎，鋪上意大利千層麵皮。

7. 如此類推，放上最後一塊麵皮後，放上番茄料，再放上片裝芝士，以小火慢煮 15 分鐘即成。

Tips

☑ 芝士碎可在超市購買。

👥 2 人　　🕐 30 分鐘　　🍲 20cm 橢圓形淺底鍋

蒜香大蝦蘆筍闊條麵

意粉種類眾多，
有不同形裝，也有不同味道，
配上各式醬汁及材料，真是千變萬化！

材料

大蝦	· · · · · ·	10 隻
蘆筍	· · · · · ·	3 條
紅椒	· · · · · ·	半個
蘑菇	· · · · · ·	4 粒
闊麵	· · · · · ·	150 克
牛油	· · · · · ·	30 克
蒜蓉	· · · · · ·	1 茶匙

調味料

鹽	· · · · · ·	半茶匙
胡椒粉	· · · · · ·	適量

做法

1. 大蝦去殼，挑腸，瀝乾水份備用。

2. 蘆筍刨去厚皮，切段；紅椒去籽，切絲備用。

3. 蘑菇去蒂，切片備用。

4. 預備鑄鐵鍋，注入清水，水滾後放入闊麵，利用筷子攪動，煮至 8 成熟，盛起，留 1 碗意粉水備用。

5. 原鍋再下牛油燒溶，爆香蒜蓉，加入大蝦爆炒至變色。

6. 加入蘆筍、蘑菇及紅椒絲兜勻，再加入闊麵，逐少加入意粉水，炒至意粉熟透。

7. 下調味拌勻即成。

Tips
☑ 每種牌子意粉的烹調時間也不同，應按照包裝的指示的時間，及個人口味烹調意粉。

👤 2 人　　🕐 20 分鐘　　🍲 22cm 深底鍋

泰式冬蔭公湯魚蛋烏冬

冬蔭公湯是泰菜中必吃的菜式之一，
雖然同是冬蔭公湯，但因應材料不同，
各家各店的冬蔭公湯，也不盡相同。

材料

中蝦	10 隻
香茅	1 枝
草菇	10 粒
番茄	1 個
清水	5 碗
檸檬葉	2 片
南薑	5 片
冬蔭公醬	1 湯匙
白魚蛋	12 粒
烏冬	2 包

做法

1 中蝦去頭留用，蝦身去殼，留尾殼，用小刀切開蝦身，去腸。

2 香茅拍扁，斜切厚片；草菇切半汆水；番茄切大件。

3 預備鑄鐵鍋，注入清水，水滾後放入香茅、番茄、蝦頭、檸檬葉、南薑及冬蔭公醬。

4 大火滾 5 分鐘後，轉小火繼續煮 15 分鐘。

5 加入草菇、蝦肉、白魚蛋及烏冬，煮至滾起後，多煮 5 分鐘即成。

Tips

☑ 大多數超市或泰國食材店，也有預先冬蔭湯料包售賣，內裏有齊所有冬蔭公湯的材料。

☑ 辣度來自冬蔭公醬，如怕辣者，可改用茄膏代替。

☑ 鑄鐵鍋鎖水功能好，不用放過多水令湯變淡。

 2 人　　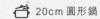 20 分鐘　　20cm 圓形鍋

番茄乾雞肉螺絲粉

羅勒是西餐中常用的香草，氣味獨特，
做意大利粉或薄餅也很適合。

材料

番茄乾	4 粒
紫洋蔥	1 個
羅勒	1 棵
雞脾肉	1 塊
螺絲粉	200 克
蒜蓉	1 茶匙

醃料

鹽	半茶匙
酒	1 茶匙
生抽	2 茶匙
胡椒粉	少許

調味料

鹽	半茶匙
砂糖	1 茶匙
茄汁	3 湯匙
黑椒碎	少許

做法

1. 番茄乾切粒；紫洋蔥切片；羅勒取葉，備用。

2. 雞脾肉解凍洗淨，切條，加入醃料拌勻。

3. 螺絲粉放入滾水中煮至 8 成熟，瀝水備用，留 1 碗意粉水備用。

4. 預備鑄鐵鍋，熱鑊，下油爆香蒜蓉，加入雞肉爆炒。

5. 再加入紫洋蔥、番茄乾及雞肉兜勻。

6. 加入螺絲粉、調味料，下半碗意粉水兜勻，煮至所有材料熟透。

7. 最後加入羅勒葉炒勻即可。

 Tips

- ☐ 可用新鮮番茄代替番茄乾。
- ☐ 將意粉水留起，可將意粉煮至熟透。

👤 2 人　　🕐 20 分鐘　　🍳 26cm 淺底鍋

番茄肉醬意大利粉

鑄鐵鍋的鎖水功能十分好，只需要將所有食材一次過放入鍋中，
利用食材本身所含的水份，便能煮出美味的意大利粉呢！

材料

番茄	2 個
洋蔥	半個
蘑菇	10 隻
蒜蓉	2 茶匙
意粉	200 克
豬絞肉	100 克
牛絞肉	200 克

調味料

鹽	半茶匙
糖	2 茶匙
茄膏	1 湯匙
月桂葉	2 片
香草	適量

做法

1. 用小刀在番茄底部劃十字，放入滾水中煮 2 分鐘，盛起放涼後，將表皮撕下，切粗粒備用。

2. 洋蔥去皮，切碎；蘑菇去蒂，切片。

3. 預備鑄鐵鍋，注入少許油，加入蒜蓉、洋蔥爆香。

4. 放入番茄粒、蘑菇、意粉及肉碎，再加入調味料拌勻。

5. 蓋上蓋以小火煮滾，開蓋攪拌一下，煮至材料熟即成。

Tips

☐ 無水煮食，主要利用食材本身所含的水份來烹調。
☐ 淺色的內鍋，適合烹煮有水份或油份的菜式，如蒸、炆、燉等等。

👥 2 人　　🕐 20 分鐘　　🍲 22cm 淺底鍋

香蒜肉絲意粉

這香蒜肉絲意粉，加入了蒜粉，香濃的蒜味，令人食欲大增。

材料

免治豬肉	200 克
火腿	2 片
雜豆	半碗
意粉	200 克
牛油	2 湯匙

醃料

蒜粉	半茶匙
糖	1 茶匙
生抽	2 茶匙
水	2 湯匙
胡椒粉	少許

調味料

蒜粉	1 茶匙
鹽	1 茶匙

做法

1. 豬肉碎加入醃料拌勻，略醃。

2. 火腿切條；雜豆洗淨，瀝乾水份備用。

3. 燒一鍋水，水滾後加入少許油、鹽，再放入意粉，煮約 5 分鐘後再焗 5 鐘，取出瀝乾水備用。

4. 預備鑄鐵鍋，下 1 湯匙牛油，將肉碎爆香，加入雜豆兜炒至豬肉熟透，最後加入火腿炒勻，盛起備用。

5. 再下牛油、意粉，加入100毫升水兜勻，下蒜粉、鹽煮至意粉熟透即成。

Tips
- ☑ 超市有蒜粉及蒜鹽兩種，不要買錯，如選購蒜鹽，請將食譜內鹹味調味料減少。

 2 人　　🕐 15 分鐘　　🍳 22cm 淺底鍋

菠菜煙肉螺絲粉

用菠菜蓉做成意粉醬汁，
濃濃的菜汁味道，沾滿每條意粉，
只需要配搭少量其他食材，味道已非常好。

材料

煙肉	5 塊
紅椒	1/4 個
黃椒	1/4 個
洋蔥	半個
菠菜	半斤
螺絲粉	250 克
牛油	20 克
麵粉	1 湯匙
淡忌廉	100 克

調味料

鹽	半茶匙
胡椒	適量

做法

1 煙肉切幼條，紅椒、黃椒去籽，切條。

2 洋蔥切條；菠菜切去根部，洗淨。

3 燒一鍋水，下鹽、油，灼熟菠菜，盛起瀝乾水份，
用攪拌器打成蓉。

4 另燒熱一鍋水，水滾後放入 1 湯匙油，加入螺
絲粉，按包裝指示，煮至 7 成熟，盛起備用，
留下少量意粉水。

5 預備鑄鐵鍋，下少許油，用慢火將煙肉爆香，
加入洋蔥炒軟，盛起備用。

6 原鍋下入牛油燒溶，放入麵粉，推勻至沒有粉
粒成幼滑狀。

7 加入淡忌廉及菠菜蓉煮滾，倒入螺絲粉及其餘
材料，煮至螺絲粉熟透，最後下調味拌勻即成。

Tips

☐ 可隨個人喜好選擇不同意粉。
素食者可減去煙肉，將牛油改
用橄欖油。

2 人　　　20 分鐘　　　22cm 橢圓形淺底鍋

Chapter Four

家常米飯

鑄鐵鍋傳熱性均勻，
鍋邊有效存熱，
煮食時熱力均勻分布於
鍋底、側邊、和蓋部，
熱力從四方八面均勻傳入內鍋，
可做出粒粒分明的米飯，
有別於一般電飯煲！

蟲草花杞子滑雞蒸飯

蟲草花是人工培植出來的蟲草菌，療效與冬蟲草有點相似，
有滋肺補腎、提高身體免疫力的功效。

材料

蟲草花	20 條
杞子	1 湯匙
鮮冬菇	2 隻
雞	半隻
米	2 小杯
清水	2 小杯

醃料

糖	1 茶匙
粟粉	1 茶匙
油	2 茶匙
酒	2 茶匙
生抽	2 茶匙
麻油	少許
胡椒粉	適量

做法

1 蟲草花浸水半小時，洗淨；杞子略浸，洗淨。

2 鮮冬菇去蒂，切粗條。

3 雞洗淨，斬件，加上醃料略醃。

4 米浸水 15 分鐘，洗淨，瀝乾水份，加入 1 茶匙油拌勻。

5 預備鑄鐵鍋，放入米粒，加入清水輕輕拌勻。

6 開中火，煮滾後，轉小火。

7 放入雞件及其他材料，續煮約 10 分鐘，熄火，多焗 10 分鐘即成。

Tips

☑ 烹調時，翻動雞件一次，使雞件平均受熱。

☑ 雞斬細件可避免雞件不熟透。

☑ 相對一般電飯煲只在底部發熱，整個 Le Creuset 鑄鐵鍋傳熱性均勻，鍋邊有效存熱，煮食時熱力均勻分布於鍋底、側邊、和蓋部，熱力從四周烹調米飯，可做出粒粒分明的米飯。

🍴 2 人　　🕐 25 分鐘　　🍲 20cm 花形鍋

臘味煲仔飯

天氣一凍，人人都想起一鍋熱辣辣的煲仔飯，
只要家中有臘腸，做一煲臘味煲仔飯一點也不難。

材料

臘腸 · · · · · · ·	2 條
膶腸 · · · · · · ·	2 條
米 · · · · · · ·	2 小杯
清水 · · · · · · ·	2 小杯

調味料

甜豉油 · · · · ·	1 湯匙

做法

1. 臘腸及膶腸略為清洗。

2. 米洗淨，用水浸 10 分鐘。

3. 將米瀝乾水份，注入清水，放入鑄鐵鍋中。

4. 把臘腸及膶腸放在米上面。

5. 以中大火煮至水滾後，轉小火，煮至水份略為收乾。

6. 轉小火，繼續煮約 10 分鐘，熄火。

7. 不要開蓋再焗 10 分鐘即成。

8. 食用前，可把臘腸及膶腸切片，再淋上甜豉油。

Tips

- 米及水的比例為 1:1，煮出來的效果比較乾身，如喜歡軟糯的，米及水比例可改為 1:1.1。
- 煲仔飯豉油於超市有售。
- 如喜歡吃飯焦，待米飯收水後可煮 15 分鐘至聞到少許焦味便可熄火。
- 相對一般電飯煲只在底部發熱，整個 Le Creuset 鑄鐵鍋傳熱性均勻，鍋邊有效存熱，煮食時熱力均勻分布於鍋底、側邊、和蓋部，熱力從四週烹調米飯，可做出粒粒分明的煲仔飯，加長烹調時間更可製成飯焦。

👥 4 人　　🕐 15 分鐘　　🍲 26cm 鑄鐵圓鍋

黑蒜海鮮意大利飯

Risotto 意大利飯，雖然外型和珍珠米差不多，但烹調方法大有不同，
以上湯或雞湯去燴煮，需要些耐性，煮至適合軟硬程度即可。

材料

大蝦	· · · · · · ·	4 隻
魷魚	· · · · · · ·	1 隻
半殼青口	· · · · ·	4 隻
黑蒜	· · · · · · ·	3 粒
洋蔥	· · · · · · ·	半個
小帶子	· · · · · ·	10 粒
牛油	· · · · · · ·	50 克
蒜蓉	· · · · · · ·	1 茶匙
意大利米	· · · · ·	1 杯
上湯	· · · · · · ·	500 毫升
白酒	· · · · · · ·	2 湯匙

做法

1 大蝦洗淨，剪去蝦頭的尖刺、蝦鬚、蝦腳，挑腸備用。

2 魷魚去內臟，去外衣，頭鬚不要，切圈備用。

3 青口洗淨，汆水備用；黑蒜去皮，切粒；洋蔥去外皮，切粒。

4 預備鑄鐵鍋，下油燒熱，加入大蝦爆炒，再加入其餘海鮮炒勻，盛起備用。

5 再下牛油爆香蒜蓉、洋蔥，加入意大利米兜勻，灒白酒。

6 逐少加入上湯，每次倒入份量剛蓋過米即可，期間不斷翻炒，以免黏底。

7 待湯收乾後，再加入上湯，直至米粒煮至9成熟。

8 最後加入所有海鮮、黑蒜，再加入上湯，蓋上蓋煮至收乾湯汁即可。

Tips

☐ 煮意大利米適合使用易潔鍋，避免黏底。
☐ 上湯份量如不夠可用水代替。
☐ 因上湯中帶有鹹味，米粒煮熟後，應先試味才加入調味料。

🧍 2 人　　🕐 30 分鐘　　🍲 18cm 心形鍋

台式肉燥飯

肉燥飯是台灣的經典小吃，做法不難，
相比在街外吃，還可控制肥肉的比例，吃得更健康。

材料

蒜頭	6 粒
乾蔥頭	6 粒
豬絞肉	200 克
熟雞蛋	1 隻

醃料

生抽	1 茶匙
生粉	1 茶匙
水	2 湯匙
胡椒粉	適量

調味料

酒	1 湯匙
老抽	1 湯匙
醬油膏	2 湯匙
冰糖	20 克
水	100 毫升
胡椒粉	少許

做法

1. 蒜頭、乾蔥頭切碎，備用。

2. 豬絞肉加入醃料拌勻，備用。

3. 雞蛋凍水落鍋，焓 10 分鐘，浸凍水，去殼備用。

4. 預熱鑄鐵鍋，下油，爆香蒜蓉及乾蔥蓉。

5. 加入豬絞肉爆炒至變色。

6. 加入所有調味料。

7. 蓋上蓋炆煮至醬汁變稠，埋芡即可。

8. 吃時先盛上白飯，再把肉燥淋在白飯上，雞蛋
   切半放旁即可。

Tips

☑ 肉燥除配飯外，亦可配麵，再
   加入冬菇，增加風味。

👤 2 人　　🕐 20 分鐘　　🍲 22cm 深底鍋

土魷肉餅煲仔飯

冬天天氣寒冷，最適合做煲仔飯，
用鑄鐵鍋煮就最好不過，
鑄鐵鍋傳熱均勻，能令每粒米飯均勻地受熱，
而且烹調後可直接上桌，既美觀又方便。

材料

白米	2 小杯
土魷	2 塊
豬絞肉	300 克
清水	2 小杯
薑絲	少許

醃料

鹽	半茶匙
生抽	1 茶匙
油	2 茶匙
生粉	2 茶匙
清水	2 湯匙
胡椒粉	適量

甜豉油材料

生抽	2 茶匙
老抽	3 茶匙
黃糖	3 茶匙

做法

1. 白米略洗，用水浸 15 分鐘，瀝乾水份，加入 1 茶匙油拌勻。

2. 土魷浸水至軟身，去衣、去軟骨，切幼粒。

3. 豬絞肉用醃料略醃。

4. 將土魷加入豬絞肉中拌勻成肉餅，備用。

5. 預備鑄鐵鍋，放入白米及清水，輕輕拌勻。

6. 開中火煮滾後轉至小火，煮至米剛收水，放入肉餅及薑絲，蓋上蓋繼續煮至米熟透，全程約 10 分鐘。

7. 關火後，繼續蓋上蓋焗 10 分鐘。

8. 食用前淋上甜豉油即成。

Tips

☑ 可於超市選購現成甜豉油。
☑ 可於肉餅中加入馬蹄增加風味。

👤 2 人　　🕐 20 分鐘　　🍲 20cm 圓形鍋

菜乾蠔豉瘦肉粥

蠔豉有補虛，滋陰養血之效，可用作煲湯或煲粥；用蠔豉煲粥，有滋陰降火，清熱除煩，通利腸胃之效。

材料

蠔豉	8 隻
瑤柱	2 粒
菜乾	2 棵
白米	1 杯
水	1 公升

調味料

鹽	半茶匙
胡椒粉	適量

做法

1. 蠔豉洗淨，浸軟，切粒備用。

2. 瑤柱浸軟，拆絲；菜乾浸軟，洗淨，切碎，擠乾水份。

3. 白米洗淨，加入少許油、鹽拌勻。

4. 預備鑄鐵鍋，放入所有材料，大火煮滾後，轉小火慢煮 30 分鐘，下調味即成。

 Tips

☐ 此粥適合全家老少食用，對睡眠不足，虛火上升最為適合。
☐ 煲粥時，可輕輕攪動粥水，以免黏底。

👥 2 人　　🕐 30 分鐘　　🍲 22cm 圓形鍋

煙三文魚蘑菇炒飯

煙三文魚可作冷盤，加入檸檬汁提升鮮味，也可配搭其他材料作沙律、三文治，或用來烹調意粉及飯，同樣美味。

材料

煙三文魚	150 克
蘑菇	4 粒
雜豆	2 湯匙
蒜蓉	1 茶匙
白飯	2 碗

調味料

鹽	半茶匙
生抽	1 茶匙

做法

1. 煙三文魚撕成小塊；蘑菇去蒂，切片，雜豆解凍，洗淨。

2. 預備鑄鐵鍋，下油燒熱，先爆香蒜蓉，下蘑菇爆炒。

3. 加入白飯炒至鬆散狀態，下煙三文魚、雜豆炒勻。

4. 下調味料，將米飯炒至粒粒分明即可。

 Tips

- 不需用冷飯，只需要煮飯時水份減少 10%，煮好後待涼即可用作炒飯。
- 煙三文魚本身帶有鹹味，應先試味才加入調味料。
- Le Creuset 鑄鐵鍋有效存熱，配合黑色琺瑯可承受較高的溫度，煮食時熱力十足，可帶走食物多餘水分，所以適合「煎炒」餸菜，鑊氣十足，在家中亦能烹調出高水準的小炒。

👥 2 人　　🕐 15 分鐘　　🍲 26cm 深底鍋

Chapter Five

各式湯水

鑄鐵鍋存熱鎖水，
可減低煲湯時水份流走的機會，
不但能保持食材的原汁原味，
份量更易控制！

忌廉蘑菇湯

小時候，媽媽常煮西式罐頭湯，由以蘑菇湯為最愛，滑滑濃濃的忌廉湯，
每嚐一口，也可以吃到粒粒蘑菇，每次可喝兩碗。
長大了，懂得用真材實料烹調，其實方法十分簡單。

材料

細洋蔥	1 個
蘑菇	200 克
牛油	50 克
蒜蓉	3 粒
麵粉	1－2 湯匙
清雞湯	300 毫升
淡忌廉	100 毫升

調味料

鹽	1 茶匙
糖	1 茶匙
黑胡椒碎	少許

做法

1. 洋蔥洗淨，去皮，切粒備用。

2. 蘑菇略洗，去蒂，部分蘑菇切粒，其餘切片，備用。

3. 燒熱鍋，下牛油煮溶，加入麵粉推勻至無粉粒。

4. 爆香蒜蓉，再加入洋蔥炒至微金黃色。

5. 加入蘑菇片炒至軟身，。

6. 注入清雞湯拌勻，待滾起，多煮 5 分鐘，熄火。

7. 放入電動手提攪拌器，將所有材料打爛至細滑。

8. 開火，加入蘑菇粒，以中火煮至滾起後，再多煮 5 分鐘。

9. 轉小火加入調味拌勻，熄火，加入淡忌廉拌勻即可。

> Tips
> ☑ 蘑菇可隨喜歡選購白色蘑菇或啡色蘑菇，做法一樣。
> ☑ 淡忌廉可以牛奶代替。

 2 人　　 20 分鐘　　 18cm 圓形鍋

南北杏西洋菜湯

西洋菜味道甘甜，含植物性纖維和多種維他命，
清熱潤肺，是天氣乾燥最適宜的湯水，
有清熱解毒，潤肺化痰功效，是一款不錯的滋潤湯水。

材料

唐排 · · · · · · ·	400 克
陳皮 · · · · · · ·	1 小片
紅蘿蔔 · · · · · ·	1 個
西洋菜 · · · · · ·	1 斤
蜜棗 · · · · · · ·	2 粒
南杏 · · · · · · ·	2 茶匙
北杏 · · · · · · ·	10 粒

調味料

鹽 · · · · · · · ·	少許

做法

1 唐排洗淨，汆水備用。

2 陳皮用水浸軟，刮去瓢。

3 紅蘿蔔去皮，切大件。

4 西洋菜洗淨，用鹽水浸約半小時。

5 預備大鑄鐵鍋，燒一鍋水，水滾後放入所有材料，大火煮滾，轉中火煲半小時。

6 最後轉小火再煲 2 小時，下鹽調味即成。

Tips

☐ 建議南北杏分開購買，因北杏含有小量毒素，不宜多吃，如購買南北杏包，難以估計北杏的數量。

☐ 由於鑄鐵鍋存熱鎖水，減低煲湯時流走水份，原汁原味，份量更易控制。

4 人   3 小時   26cm 圓形鍋

粟米牛乳濃湯

我愛吃粟米，所以這個粟米濃湯，我甚喜歡，也常做。
善用鑄鐵鍋鎖水功能，
用鑄鐵鍋做濃湯能將食物大部份營養鎖於湯中，
不會在水份蒸發時浪費掉。

材料

大薯仔 · · · · ·	1 個
洋蔥 · · · · · ·	半個
粟米 · · · · · ·	4 條
牛油 · · · · · ·	30 克
清雞湯 · · · · ·	250 毫升
清水 · · · · · ·	250 毫升
淡忌廉 · · · ·	100 毫升

調味料

鹽 · · · · · ·	1/4 茶匙
黑胡椒 · · · · · · ·	少許

做法

1. 薯仔去皮，切薄片；洋蔥去衣，切粗條；粟米去衣，略洗，取粟米粒，備用。

2. 預備鑄鐵鍋，下牛油煮溶，爆香洋蔥。

3. 注入清雞湯、清水，煮滾後，加入粟米粒、薯仔片，以小火熬煮 15 分鐘。

4. 熄火，用電動手提攪拌器將湯料打爛至細滑。

5. 將鍋放回爐上以小火煮滾。

6. 最後加入淡忌廉拌勻，熄火，加入調味拌勻即成。

Tips

☑ 粟米去衣後，用一根筷子在粟米的一邊，順粟米的方向插入，便可輕易取出整行粟米，再用小刀，取出餘下的粟米粒。

☑ 湯的濃度可按個人喜好增加或減少水份，不會影響味道。

👥 4 人　　🕐 20 分鐘　　🍲 22cm 圓形鍋

雪蓮子桃膠糖水

桃膠及雪蓮子，是近來興起的廉價養顏潤燥食材，蘊含豐富植物膠原，有美顏滋補之效，入饌或製作糖水均有美肌成用。

材料

雪蓮子	20 粒
桃膠	1 湯匙
圓肉	5 粒
百合	1 湯匙
冰糖	少許
清水	500 毫升

做法

1 將雪蓮子、桃膠略洗，浸泡一晚至軟身。

2 圓肉、百合略洗。

3 將已浸好的桃膠的黑色部分剪掉。

4 預備鑄鐵鍋，注入清水，放入所有材料，煮至水滾後轉小火，多煮 30 分鐘即成。

Tips

☐ 桃膠及雪蓮子是最佳配搭，只用兩樣也可做成甜品。

☐ 桃膠有雜質，最好在浸軟後，挑去雜質才燉煮。

2 人　　　30 分鐘　　　18cm 圓形鍋

杏汁蓮子燉花膠

花膠是最適合女人進補的食材之一，杏仁有滋潤作用，用作燉煮有養顏補身的作用。

材料

薑片	3 片
花膠	2 隻
龍皇杏	200 克
冰糖	50 克

做法

1. 燒一鍋水，放入薑片，滾 2 分鐘，熄火，放入花膠浸泡一晚。

2. 龍皇杏洗淨，用 500 毫升水浸泡 1 小時，連水用電動手提攪拌器打碎，用湯袋隔渣成杏汁。

3. 將杏汁、冰糖及花膠放入燉盅，以小火隔水燉 2 小時即成。

 Tips

☐ 浸泡花膠時放入薑片，可去除腥味，燉的時候就不用再放薑片了。

☐ 花膠提前泡軟，可縮減燉煮時間。

 2 人　　🕐 2 小時　　🍲 29cm 橢圓形鍋、11cm 心形連蓋小鍋子

苦瓜黃豆排骨湯

苦瓜可以生吃，也可以熟食，性偏寒，有清熱去火、清心明目、滋陰養血、健脾補腎的作用。

材料

苦瓜	· · · · · ·	1 個
排骨	· · · · · ·	1.5 斤
黃豆	· · · · · ·	1 碗
薑	· · · · · ·	3 片

調味料

鹽	· · · · · ·	半茶匙

做法

1. 苦瓜開邊去籽，切大件，汆水備用。

2. 排骨汆水；黃豆浸泡半小時。

3. 預備鑄鐵鍋，放入所有材料，注入清水至蓋過材料即可。

4. 大火煮滾 10 分鐘，轉小火煮半小時，下調味料即成。

Tips

☑ 苦瓜味苦，汆一汆水，可減少苦味。

☑ 此湯可加入紅蘿蔔，增加甜味。

☑ 由於鑄鐵鍋存熱鎖水，減低煲湯時流走水份，原汁原味，份量更易控制。

👥 2 人　　🕐 45 分鐘　　🍲 22cm 圓形鍋

椰香南瓜濃湯

南瓜對身體有益，營養相當豐富，含有多種維生素及礦物質，有防治糖尿病和高血壓的功能。

材料

南瓜	· · · · ·	300 克
洋蔥	· · · · ·	半個
牛油	· · · · ·	20 克
清水	· · · ·	300 毫升

調味料

鹽	· · · · ·	半茶匙
淡忌廉	· · · ·	100 毫升
椰漿	· · · ·	200 毫升

做法

1 南瓜去皮去籽，切大件；洋蔥切粒，備用。

2 預備鑄鐵鍋，下牛油煮溶，加入洋蔥、南瓜爆炒一會。

3 注入清水，煮至水滾後，蓋上蓋，轉小火煮 10 分鐘。

4 熄火，以電動手提攪拌器將材料打爛至細滑。

5 加入調味料，以小火煮 10 分鐘即可。

Tips

☑ 南瓜有不同種類，每種南瓜均可作此湯材料。

☑ 不喜歡椰汁味道，可改用清水代替。

👥 4 人　　🕐 20 分鐘　　🍲 20cm 圓形鍋

Chapter Six

健康小吃

用鑄鐵鍋也可製作出
千變萬化的特色小吃，
配上精緻、顏色斑爛的廚具，
為餐桌增添不少趣味和色彩。

薑汁鮮奶燉蛋白

中式甜品中，將薑汁鮮奶燉蛋白最受歡迎，滑滑的蛋白，
配上濃濃的奶味和薑汁，是一道健康的甜品。

材料

薑汁 · · · · · · · 2 湯匙
蛋白 · · · · · · · 2 隻
鮮奶 · · · · · 220 毫升
砂糖 · · · · · 1 − 2 湯匙

做法

1. 薑去皮，剁成蓉，擠出薑汁，備用。

2. 蛋白放入大盆中，用手動打蛋器打發至起泡。

3. 加入鮮奶、砂糖拌勻至砂糖溶化即可，過篩一次。

4. 把所有材料放入燉杯中，用錫紙封口，以中火隔水蒸 10 分鐘，熄火，焗 10 分鐘即成。

Tips

- 用錫紙封口，可防止倒汗水滴在蛋白面，以致蛋面不平滑。
- 薑汁的份量，可按個人口味增加或減少。

 2 人　　　🕐 30 分鐘　　　🍲 29cm 橢圓形鍋、2 個心形連蓋小鍋

關東煮

關東煮是一種日本特式食物，在江戶時代，日本人用濃味醬油把材料煮熟，成為關東煮的雛型。主要材料有蘿蔔、豆腐、魚肉等等，也可加入蒟蒻，是一道十分簡單的菜式。

材料

小魚乾	2 湯匙
白蘿蔔	半條
娃娃菜	2 棵
日式魚片	半條
日本魚餅	3 片
粟米魚蛋	6 粒
獅子狗	2 條
蟹棒	數條
清雞湯	100 毫升

調味料

昆布醬油	1 湯匙
麻油	少許

做法

1 將小魚乾放入湯袋內。

2 白蘿蔔去皮，切大件；娃娃菜洗淨，撕成一片一片；其餘材料按需要切件。

3 預備鑄鐵鍋，注入清雞湯，放入魚乾、白蘿蔔，以小火煮 15 分鐘，將魚乾湯包取出。

4 放入娃娃菜，再把其餘材料排放在鍋內，以中火煮至滾起後，轉小火繼續煮 10 分鐘，最後下調味料即成。

Tips

☑ 因白蘿蔔烹調時間較長，建議先把白蘿蔔煮熟才放入其他材料。

☑ 材料可按個人喜好調整，日本超市亦有不同款的魚肉製品，可供選購。

---

 2 人　　🕐 25 分鐘　　🍲 26cm 淺底鍋

牛油烤粟米

想吃烤粟米但家中沒焗爐？現在用鑄鐵鍋也能做出味美可口的烤粟米。

材料

粟米 · · · · · · · ·	2 條
牛油 · · · · · · · ·	80 克
黃糖 · · · · · · · ·	30 克

做法

1. 粟米去掉外皮，切大件。

2. 預備鑄鐵鍋，放入牛油，以小火煮溶。

3. 放入粟米，不停攪動粟米，使粟米能均勻地受熱。

4. 灑上黃糖兜勻，將粟米煮至金黃色，約 15 分鐘即可。

Tips
 火力要細才能均勻地將粟米烤熟。

👤 4 人　　🕐 20 分鐘　　🍲 20cm 圓形鍋

五香茶葉蛋

茶葉蛋是價廉物美的街頭小食之一。烹調時以茶葉、八角、桂皮、香葉、花椒、醬油及五香粉等等製成，故稱為「五香茶葉蛋」。

材料

雞蛋 ・・・・・・	12 隻

鹵水材料

普洱茶葉 ・・・・	2 湯匙
八角 ・・・・・	2 粒
桂皮 ・・・・・	1 支
香葉 ・・・・・	3 片
花椒 ・・・・・	1 湯匙
鹽 ・・・・・	2 茶匙
冰糖 ・・・・・	20 克
醬油 ・・・・・	2 湯匙
水 ・・・・・	1.5 公升

做法

1. 將雞蛋放入鑄鐵鍋中，放入清水中浸過雞蛋面。

2. 以慢火煮至水滾，約 3 分鐘，熄火，焗 10 分鐘。

3. 先取出雞蛋，放進冰水中，待涼，取出。

4. 用匙在雞蛋殼上輕輕敲打至蛋殼呈現裂紋。

5. 再預備一鑄鐵鍋，將所有鹵水材料放入湯袋中並放入鍋中，煮滾，下雞蛋，以小火煮約 10 分鐘，熄火浸至雞蛋入味。

Tips

☑ 香葉、桂皮、花椒、八角、等材料可在街市雜貨店或超市有售。

☑ 鹵水料可放入湯袋方便處理。

☑ 雞蛋需要泡浸在鹵水中約 3 − 4 小時，才夠入味。

☑ 雞蛋殼上的裂紋愈多，雞蛋愈能入味。

麵包布甸

麵包布甸是一種經典甜品，
簡簡單單的材料，便能製作出美味的甜品。
鑄鐵鍋不單止可直接烹調，也能直接放進焗爐烤焗。

材料

雞蛋 ・・・・・	2 顆
牛奶 ・・・・	150 毫升
淡忌廉 ・・・・	50 毫升
砂糖 ・・・・・	30 克
厚切白方包 ・・・	2 片
黑提子乾 ・・・・	少許
糖粉 ・・・・・・	適量

做法

1 雞蛋加入牛奶、淡忌廉及砂糖，攪拌均勻。

2 將蛋糊過篩一次，然後倒進焗盆內。

3 麵包切成丁方，放入蛋糊中，輕輕按壓麵包，
使麵包沾上蛋糊。

4 以 150℃ 預熱焗爐 10 分鐘。

5 另取一大焗盆，注入清水，放上有麵包蛋糊的
焗盆。

6 用隔水烤焗方式，以 160℃ 焗 25 分鐘至蛋糊
凝固，表面金黃色。

7 最後放上提子乾及灑上糖霜即成。

Tips

☑ 焗製時間長短要視乎容器之厚度。

☑ 蛋糊過篩才能做出口感細滑的布
甸。

☑ 大焗盆放入清水，水高至麵包蛋
汁的焗盆一半。

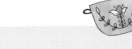

👥 4 人　　🕐 30 分鐘　　🍲 18cm 心形鍋

抹茶梳乎厘

梳乎厘又名舒芙蕾（Soufflé），是一種以蛋為主要材料的甜品，
要梳乎厘發得高，口感又鬆又軟，秘訣是製作過程中，
盡量保持到麵糊內有一定的空氣，攪拌的動作不能太大，令蛋白內的空氣得以保存。

材料

無鹽牛油	10 克
砂糖（A）	少許
蛋黃	2 隻
牛奶	120 克
抹茶粉	2 茶匙
蛋白	4 隻
砂糖（B）	40 克
低筋麵粉	30 克
糖霜	少許

做法

1. 預熱焗爐至 190℃。

2. 均勻地在焗杯內掃上牛油後，再灑上砂糖（A），轉動杯身，使整個焗杯內都能均勻地沾上砂糖，然後將多餘砂糖倒出，備用。

3. 蛋黃拂勻至顏色變淡；牛奶加入抹茶粉拌勻，以小火將抹茶牛奶加熱至剛滾，撞入蛋汁中，快手拌勻。

4. 取另一盆，放入蛋白，打發至起泡，將砂糖（B）分 3 次加入，打發至企身。

5. 加入蛋黃糊，用膠刮刀以切拌方式拌勻

6. 篩入低筋麵粉，用膠刮刀輕輕拌勻。

7. 將麵糊放入焗杯中抹平，放入焗杯以 190℃ 焗 25 分鐘，至梳乎厘升起，即可取出，灑上糖霜即成。

Tips

- ☑ 梳乎厘出爐後應盡快享用，不然會回縮。
  可用無糖可可粉代替綠茶粉，成朱古力梳乎厘。
- ☑ 時間只供參考，因器皿的深淺不同，焗製時間也不同，當梳乎厘焗至完全升起，表示已焗好了。

👥 2 人　　🕐 30 分鐘　　🍳 9.5cm 小焗盤

芝士肉醬薯條

人氣街頭小食瘋薯，一小杯也要幾十元，
其實自己在家也可以做得到，可在薯條上放上喜愛的醬料或食材。

材料

急凍薯條	·	500 克
蒜粉	· · ·	1 茶匙
紅椒粉	· · ·	少許
幼鹽	· · ·	少許
黑胡椒	· · ·	適量
混合芝士碎		100 克
羅勒	· · ·	1 棵

肉醬材料

豬絞肉	· ·	200 克
蒜頭	· · ·	3 粒
乾蔥	· · ·	3 粒
番茄	· · ·	2 個

醃料

生粉	· · ·	1 茶匙
生抽	· · ·	2 茶匙
清水	· · ·	2 湯匙
胡椒粉	· · ·	少許

調味料

鹽	· · ·	半茶匙
孜然粉	· · ·	半茶匙
茄膏	· · ·	2 湯匙
辣椒粉	· · ·	2 湯匙
清水	· · ·	150 克

Tips

☑ 豬肉可改用其他食材代替，如雞肉、火腿或三文魚。

☑ 急凍薯條在一般超市有售。

做法

1 預熱焗爐至 200℃。

2 急凍薯條解凍，並排放在焗盤上，放入焗爐以 200℃ 焗 20 分鐘，期間取出薯條翻動，
焗至金黃色及香脆。

3 取出薯條，灑上蒜粉、紅椒粉、幼鹽及黑胡椒拌勻。

4 豬絞肉加入醃料拌勻；蒜頭、乾蔥、番茄去皮切碎。

5 預備另一鑄鐵鍋，下油，燒熱鍋子，加入蒜蓉、乾蔥蓉、番茄爆香，加入豬絞肉爆炒，
再加入調味料兜勻，炒至熟透，成肉醬。

6 將肉醬淋上薯條上，再灑上芝士碎。

7 將薯條放入焗爐，以 250℃ 焗 10 分鐘即成。

👥 4 人　　🕐 30 分鐘　　🍲 20cm 橢圓形淺底鍋、22cm 深底鍋

One Pot Recipes

愉快料理
一鍋煮
韓風加強版

作者	Sandy Mama
總編輯	Ivan Cheung
責任編輯	Sophie Chan
助理編輯	Tessa Tung
文稿校對	Emma Chan / Stephanie Kwan
封面設計	Eva
內文設計	Eva
出版	研出版 In Publications Limited
市務推廣	Evelyn Tang
查詢	info@in-pubs.com
傳真	3568 6020
地址	九龍彌敦道 460 號美景大廈 4 樓 B 室
香港發行	春華發行代理有限公司
地址	香港九龍觀塘海濱道 171 號申新證券大廈 8 樓
電話	2775 0388
傳真	2690 3898
電郵	admin@springsino.com.hk
台灣發行	永盈出版行銷有限公司
地址	新北市新店區中正路505號2樓
電話	886-2-2218-0701
傳真	886-2-2218-0704
鳴謝	Le Creuset Hong Kong Ltd
出版日期	2017 年 09 月 24 日
ISBN	978-988-78267-4-3
售價	港幣 $88 / 新台幣 $390